지오지브라 활용 수학 교수학습

파이썬 코딩수학 편

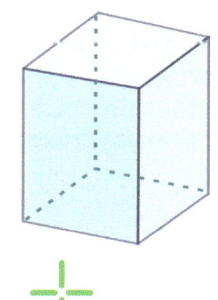

저자 **최경식**

현) 목원대학교 교수
서울대학교 수학교육과 졸업
목원대학교 대학원 수학과 졸업(기하학 전공, 이학석사)
한국교원대학교 대학원 과학교육과 졸업(통합과학교육 전공, 교육학박사)

저서
지오지브라 바이블
실버만 복소해석학
지오지브라와 함께 하는 기초미적분학 등 다수

저자 **임상연**

세종여자고등학교 교사
공주대학교 수학교육과 및 동대학원 졸업
충남과학고, 세종국제고, 세종과학예술영재학교를 역임하였고, 영재교육부분으로 교육부 장관상을 수상.
현재는 지오지브라 등을 활용하여 수학교육에 테크놀로지를 접목하기 위해 노력함.
저서 지오지브라를 활용한 수능문제 그리기

초판발행　　2025년 2월 1일
저　자　　　최경식, 임상연
펴낸곳　　　지오북스
등　록　　　2016년 3월 7일 제395-2016-000014호
전　화　　　02)381-0706 / 팩스　　02)371-0706
이메일　　　emotion-books@naver.com
홈페이지　　www.geobooks.co.kr
ISBN　　　　979-11-94145-17-2
정　가　　　14,000 원

이 책은 저작권법으로 보호받는 저작물입니다.
이 책의 내용을 전부 또는 일부를 무단으로 전재하거나 복제할 수 없습니다.
파본이나 잘못된 책은 바꿔드립니다.

차례

차례 iii

제 1 장 지오지브라 파이썬 1
   1.1   지오지브라 파이썬 환경의 소개 1
   1.2   예제 파일 열기 2
   1.3   코딩 내용 저장하기 3

제 2 장 지오지브라 파이썬 명령어 5
   2.1   자료의 형태 5
       2.1.1 숫자: int 형과 float 형 5
       2.1.2 문자열: string 형 5
   2.2   기본 연산 6
       2.2.1 변수 6
       2.2.2 연산자 7
       2.2.3 리스트 7
   2.3   for 반복문 10
       2.3.1 for i in 리스트(또는 문자열) 10
       2.3.2 for i in range(n_1, n_2, n_3) 10
   2.4   if 조건문 11
       2.4.1 if-else 11
       2.4.2 if-elif-else 12
   2.5   while 반복문 12
   2.6   함수 13
       2.6.1 함수의 정의 13
       2.6.2 재귀적 함수의 정의 14
   2.7   지오지브라 파이썬 명령어 14
       2.7.1 점 14
       2.7.2 선분 14
       2.7.3 직선 15
       2.7.4 거리 15

		2.7.5	벡터	15
		2.7.6	다각형	15
		2.7.7	원	15
		2.7.8	회전	15
		2.7.9	슬라이더	15
		2.7.10	포물선	16
		2.7.11	교점	16
		2.7.12	이벤트	16
	2.8	라이브러리		17
		2.8.1	시간	17
		2.8.2	랜덤	17
		2.8.3	수학	17
		2.8.4	지오지브라	17

제 3 장 시간 제어 — 19

- 3.1 동심원 그리기 … 19
- 3.2 스트링아트 … 20

제 4 장 이벤트 제어 — 23

- 4.1 슬라이더 제어 … 23
  - 4.1.1 슬라이더 정의 … 23
  - 4.1.2 점의 회전 … 23
  - 4.1.3 정다각형 작도 정의 … 24
  - 4.1.4 슬라이더 이벤트 감지 … 25
- 4.2 점의 이벤트 제어 … 27

제 5 장 몬테카를로 방법 — 31

- 5.1 랜덤 수 … 31
- 5.2 주사위 던지기 … 32
- 5.3 원의 넓이 … 34
- 5.4 원주율 구하기 … 37
  - 5.4.1 다각형의 둘레 구하기 … 37
  - 5.4.2 몬테카를로 방법으로 원주율 구하기 … 39

제 6 장 프랙털 구조 — 41

6.1	반즐리의 고사리	41
6.2	시어핀스키의 삼각형	44
6.3	코흐의 눈송이	45
6.4	시어핀스키 삼각형 2	48
6.5	시어핀스키 사각형	50

제 7 장 정수의 성질   53

7.1	완전수 찾기	53
7.2	소수 판별하기	54
	7.2.1 소수는 어떻게 구분하는가?	54
7.3	유클리드 호제법	55
7.4	페르마의 마지막 정리	56
7.5	우박 수열	57

제 8 장 함수의 그래프   61

8.1	다항함수	61
8.2	유리함수	62
8.3	무리함수	63
8.4	극좌표계의 활용	64
8.5	황금나선	65
8.6	공의 자유낙하 모델링	67

CHAPTER 1

지오지브라 파이썬

이 책은 지오지브라 기반에서 파이썬 스크립트를 적용하는 방법에 대하여 소개를 하고 있다. 또한 이 책은 지오지브라를 사용해 본 경험이 있는 사용자를 가정하고 있다. 이때 독자는 지오지브라의 기본적인 사용법만 알고 있는 것으로 충분하다.

1.1 지오지브라 파이썬 환경의 소개

지오지브라 파이썬 환경은 별도의 설치과정 없이 인터넷 주소에 접속하여 사용이 가능하다. 이 책에서는 크롬 계열 브라우저[1]를 기준으로 설명할 것이다.

- 지오지브라 파이썬 환경인 https://www.geogebra.org/python/index.html에 접속한다. 화면의 왼편은 코드를 입력하는 창, 오른쪽 위편은 지오지브라, 아래는 텍스트의 결과가 나타나는 창이다.

- 왼편에서 파이썬 언어로 코딩을 한 후 RUN 버튼을 클릭하면 오른편에서 지오지브라 창에 결과가 나타나거나 텍스트 창에 결과가 나타난다.

- 만일 지속적으로 반복되는 명령이 있는 경우, 이를 멈추려면 STOP 버튼을 클릭하면 된다.

---

[1]에지 브라우저, 네이버 웨일 등

제 1 장 지오지브라 파이썬

1.2 예제 파일 열기

① 화면 상단의 File 버튼을 클릭하면 차례로 New, Open, ... 등의 메뉴가 나타난다. 이때 Open 메뉴를 클릭한다.

② 이때 나타나는 창에서 Examples 버튼을 클릭하면 기존에 제작된 다양한 예제들을 볼 수 있다.

각 예제를 클릭하면 지오지브라 명령을 파이썬 코드 안에 어떻게 삽입시켜야 하는지 파악할 수 있다.

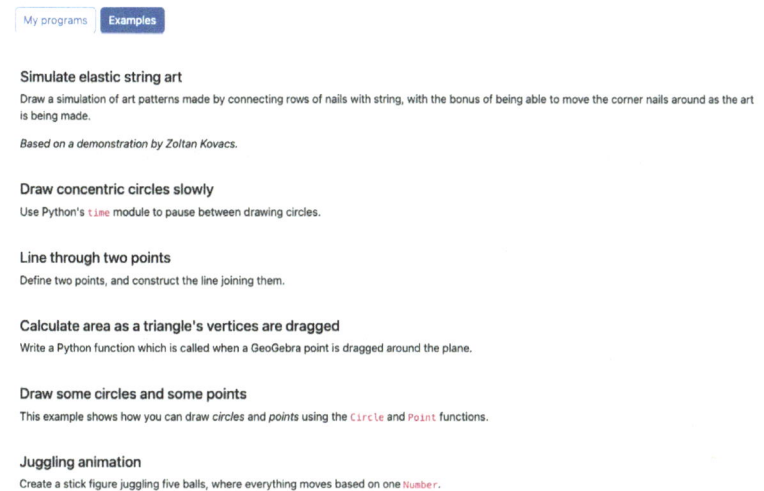

1.3 코딩 내용 저장하기

지오지브라 파이썬 환경에서 코딩을 수행한 후, 그 내용을 저장하려면 다음의 순서를 따른다.

① 코딩 창에 코딩된 내용이 있는 경우, Share as link 메뉴를 선택한다.

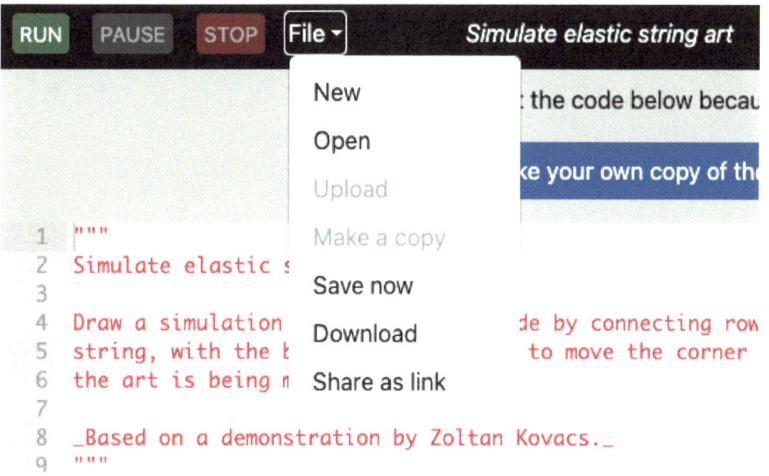

② "Share file as link" 창이 나타나면 Copy 버튼을 클릭하여 복사한다.

이 내용을 다른 곳에 복사하여 링크를 클릭하면 동일한 프로그램이 실행된다.

CHAPTER 2

지오지브라 파이썬 명령어

2.1 자료의 형태

자료의 형태는 정수, 실수, 복소수, 문자열 등이 있다. 이 자료의 입력과 출력을 살펴보자.

2.1.1 숫자: int 형과 float 형

- 정수(소숫점이 없는 수)를 int 형으로, 실수(소숫점이 있는 수)를 float 형으로 구분한다.
- type() 명령을 사용하면 수의 유형을 알 수 있다.

```
print(type(25)) ---> [결과] <class 'int'>
print(type(38.3)) ---> [결과] <class 'float'>
```

2.1.2 문자열: string 형

- 문자열은 따옴표 " " (혹은 ' ')를 이용하여 나타내며 문자열에 따옴표가 빠진 경우 오류가 나타난다.
- ' ' 안의 숫자는 문자열로 인식한다. 예를 들어 '25*3' 은 문자열로 인식되어 75라는 결과 대신 '25*3' 라고 그대로 출력된다.
- 문자열에서 덧셈 연산자 '+'은 두 문자열을 이어 나열하고 곱셈 연산자 '문자열*숫자'는 문자열을 숫자만큼 반복한다.

```
print('hello' + 'python') ---> [결과] hellopython
print('hello' * 3) ---> [결과] hellohellohello
```

2.2 기본 연산

2.2.1 변수

① 레이블이라고도 하지만 수학적 용어임을 감안하여 변수라는 용어를 사용한다.

② 변수는 정보나 자료를 할당하여 저장하는 그릇이라고 생각할 수 있고 한 변수에 하나의 정보나 자료만 할당할 수 있다. 다른 정보를 입력하면 이전의 정보는 지워지고 새로운 정보만 저장된다.

③ 변수의 이름은 그 변수가 나타내는 특성을 반영하여 정하는 것이 좋으며 변수이름을 정할 때는 Python의 규칙을 따라야 한다.

- 변수 이름에는 문자, 숫자, Underscore(_)만 사용할 수 있다.
- 변수 이름은 숫자로 시작할 수 없다.
- 변수 이름에는 Python에서 예약하여 쓰는 단어는 쓸 수 없다.
- Python에서는 소문자와 대문자를 구분한다.
- 변수는 할당문 연산자 "="에 의해 값을 할당 받는다. 파이썬에서의 "="은 왼쪽의 변수에 오른쪽 값을 대입한다는 의미이다. 수학에서 등호 의미로서의 "=" 대신 파이썬에서는 "=="을 사용한다.

```
en=90
math=85
aver=(en+math)/2
print(aver)


---> [결과] 87.5
```

이때 en, math, aver는 변수이다.

④ 변수에 문자열을 할당할 수 있다.

```
c = 'hello'
print(c)


---> [결과] hello
```

⑤ 문자열과 변수를 함께 나열한 경우 Comma(,)로 구분한다.

```
a=24
b=5
c=a*b
print('a 곱하기 b의 값은', c, '이다.')
```

---> [결과] a 곱하기 b의 값은 120 이다.

2.2.2 연산자

① 사칙연산자: $+, -, \times, \div$의 경우 각각 $+, -, *, /$로 입력한다.

② 비교연산자: $==, !=, >, <, >=, <=$의 경우로 논리적 비교를 위하여 사용된다.

③ 그 외의 연산자

- //의 경우에는 $a//b$로 사용하며 a/b의 가우스 함숫값을 의미한다.
- %의 경우에는 $a\%b$로 사용하며 a/b의 나머지를 의미한다.
- **의 경우에는 $a**b$로 사용하며 a의 b 거듭제곱을 의미한다.
- $+=$의 경우에는 $a+=6$으로 사용하며 $a=a+6$이라는 의미이다.
- $*=$의 경우에는 $a*=6$으로 사용하며 $a=a*6$이라는 의미이다.
- $2e3$의 경우에는 2×10^3이라는 의미이다.

2.2.3 리스트

리스트란 데이터들을 잘 관리할 수 있도록 순서를 정해서 관리하는 데이터 타입의 하나로서 여러 개의 값을 모아 하나의 변수로 다룰 수 있다.

① 빈 리스트를 생성한다.

```
mylist=[ ]
print(mylist)
```

---> [결과] [ ]

② 리스트는 [ ] 안에 각 요소를 Comma(,)로 구분한다.

③ '리스트[인덱스]'로 원하는 요소를 추출할 수 있다. 이때 인덱스는 $0, 1, 2, 3, \cdots$로 번호가 매겨지며, 뒤에서부터 $-1, -2, -3, \cdots$로 매겨진다.

```
sp=['a','b','c','d','e']
print(sp)
print(sp[0],sp[3])
print(sp[-1],sp[-3])


---> [결과] ['a', 'b', 'c', 'd', 'e']
a d
e c
```

④ 뒤에 추가(append), 중간에 삽입(insert), 정렬(sort), 삭제(remove), 역순(reverse)

- append( ) : 리스트 마지막 요소 다음에 다른 요소를 추가한다. 값을 중복해서 추가할 수 있고 추가 순서가 유지된다.

```
a=[1,3,5,7,9]
a.append(11)
print(a)


---> [결과] [1, 3, 5, 7, 9, 11]
```

- insert( ) : 삽입할 위치에 요소를 삽입한다.

```
sp=['a','b','c','d','e']
sp.insert(1,'f')
print(sp)


---> [결과] ['a', 'f', 'b', 'c', 'd', 'e']


nb=[1,2,3,4,5,6]
nb.insert(-2,8)
print(nb)


---> [결과] [1, 2, 3, 4, 8, 5, 6]
```

- sort( ) : 요소를 오름차순으로 정렬하고 리스트를 변경한다.

    ```
    mylist=[3,7,8,1,2,9,4,4]
    mylist.sort()
    print(mylist)
    ```

    ---> [결과] [1, 2, 3, 4, 4, 7, 8, 9]

    ```
    mylist=[3,7,8,1,2,9,4,4]
    mylist.sort(reverse=True)
    print(mylist)
    ```

    ---> [결과] [9, 8, 7, 4, 4, 3, 2, 1]

- remove( ) : 리스트에서 원하는 요소를 삭제한다.

    ```
    mylist=[3,7,8,1,2,9,4,4]
    mylist.remove(4)
    print(mylist)
    ```

    ---> [결과] [3, 7, 8, 1, 2, 9, 4]

- reverse( ) : 리스트 요소의 순서를 반대로 바꾼다.

    ```
    mylist=[3,7,8,1,2,9,4,4]
    mylist.reverse()
    print(mylist)
    ```

    ---> [결과] [4, 4, 9, 2, 1, 8, 7, 3]

⑤ + 연산자로 두 리스트를 합칠 수 있다.

```
m=[1,2,3,4,5]
n=['a','b','c']
p=m+n
print(p)

---> [결과] [1, 2, 3, 4, 5, 'a', 'b', 'c']
```

2.3 for 반복문

2.3.1 for i in 리스트(또는 문자열)

① for 반복문 다음 반드시 Colon(:)을 입력하고, 다음 줄은 4칸 들여쓴다.

② for i in 리스트 에서 i 는 리스트 안의 요소이다.

```
sp=[2,4,7,9]
for i in sp:
    print(i*3)

---> [결과]
6
12
21
27
```

2.3.2 for i in range(n_1, n_2, n_3)

① range(4)는 [0,1,2,3]을 의미한다.

② range(2,6)은 [2,3,4,5]를 의미한다.

③ range(2,12,2)는 [2,4,6,8,10]을 의미한다.

만일 1부터 100까지 더하는 프로그램을 작성하려면 다음과 같이 하면 된다.

```
sum=0
for i in range(1,101):
    sum += i
print(sum)
```

---> [결과] 5050

2.4　if 조건문

if 조건문 다음에는 반드시 Colon(:)을 입력하고 다음 줄은 4칸 들여쓰기를 한다.

2.4.1　if-else

좋아하는 과목을 물었을 때, 수학을 답하면 "저도요", 그렇지 않을 경우에는 "수학은 어떤가요?"라고 묻는 프로그램을 작성해보자.

```
subject=input("좋아하는 과목을 우리말로 입력하세요.")
if subject=='수학':
    print('저도요')
else:
    print('수학은 아닌가요?')
```

2.4.2 if-elif-else

영어 성적의 A, B, C, D를 산출하는 프로그램을 작성하자.

```
en_g=int(input("점수를 입력하세요."))
if en_g>=90:
    print('A')
elif en_g>=80 and en_g<90:
    print('B')
elif en_g>=70 and en_g<80:
    print('C')
else:
    print('D')
```

2.5 while 반복문

while 반복문의 경우, 조건이 참인 동안에는 반복 시행하고, 조건이 참이 아닌 경우 while 문을 빠져나간다. while 문 다음에는 반드시 Colon(:)을 입력하고 다음 줄은 4칸 들여쓰기를 한다.

while 반복문을 사용하여 1부터 100까지의 합을 구하자.

```
sum=0
i=0
while i<=100:
    sum+=i
    i+=1
print(sum)

---> [결과] 5050
```

앞의 코드는 100번 반복이지만 'while True:'를 사용하여 무한 반복을 할 수도 있으며 break를 써서 강제 종료시킬 수도 있다.

```
can=5
while True:
    can-=1
    print('can',can)
    if can==0:
        break
```

---> [결과]
can 4
can 3
can 2
can 1
can 0

2.6 함수

2.6.1 함수의 정의

함수는 반복적인 작업이 필요할 때 그 작업을 하나로 묶어 두어 간편하게 재사용하도록 하는 코드의 모임이다. 이때 함수는 입력값이 없을 수도 있고, 입력값을 받으면 일련의 처리과정을 거친 결과를 보여줄 수도 있다. 이때 입력값을 인수, 함수의 결과를 return이라고 한다. 함수의 정의는 def로 시작한다.

예를 들어 1부터 n까지 더하는 프로그램을 작성하자.

```
def nsum(n):
    sum=0
    for i in range(n+1):
        sum+=i
    return(sum)

print(nsum(100))
```

---> [결과] 5050

2.6.2 재귀적 함수의 정의

$a_n = a_{n-1} + 3$과 같이 이전의 항으로 현재의 항을 표현하는 방식을 재귀적 표현이라고 한다. 파이썬의 함수를 이용하여 재귀적으로 함수를 정의할 수 있다.

예를 들어 $n!$을 정의하는 재귀적 함수를 정의하자. $a_n = n!$일 때 $a_n = n \times a_{n-1}$의 관계를 만족한다. 따라서 다음과 같이 함수를 정의할 수 있다.

```
def fac(n):
    if n==1:
        return 1
    else:
        return n*fac(n-1)

print(fac(4))

---> [결과] 24
```

2.7 지오지브라 파이썬 명령어

지오지브라 파이썬 명령어는 지속적으로 개발이 이루어지고 있는 상태이다. 이 책에서는 가장 간단한 명령어만 제시할 것이다.

2.7.1 점

다음은 Point 명령어의 문법이다. 옵션으로는 size, is_visible 등이 있다.

```
Point(x좌표, y좌표)
```

또한 점이 A라고 했을 때, A.x 는 A의 x좌표, A.y 는 A의 y좌표이다. A의 색상의 경우에는 A.color와 같이 알아내는 것도 가능하다.

2.7.2 선분

다음은 Segment 명령어의 문법이다.

```
Segment(점, 점)
```

2.7.3 직선

다음은 Line 명령어의 문법이다.

    `Line(점, 점)`

2.7.4 거리

다음은 Distance 명령어의 문법이다.

    `Distance(점, 점)`

2.7.5 벡터

다음은 Vector 명령어의 문법이다.

    `Vector(점, 점)`

2.7.6 다각형

다음은 Polygon 명령어의 문법이다.

    `Polygon(점의 리스트)`

2.7.7 원

다음은 Circle 명령어의 문법이다. 옵션은 line_thickness 등이 있다.

    `Circle(x좌표, y좌표, 반지름)`
    `Circle(중심점, 반지름)`

2.7.8 회전

다음은 Rotate 명령어의 문법이다. 옵션은 `.with_propoerty()` 와 같이 추가한다.

    `Rotate(중심점, 회전각)`

2.7.9 슬라이더

다음은 Slider 명령어의 문법이다. 옵션은 increment 등이 있다.

    `Slider(시작값, 끝값)`

2.7.10 포물선

다음은 Parabola 명령어의 문법이다.

```
Parabola(2차항 계수, 꼭짓점 x좌표, 꼭짓점 y좌표)
```

2.7.11 교점

다음은 Intersect 명령어의 문법이다.

```
para=Parabola(1/2,0, 0)
line=Line(Point(1,1), Point(-1,-1))
Intersect(para,line, 1)
Intersect(para,line, 2)
```

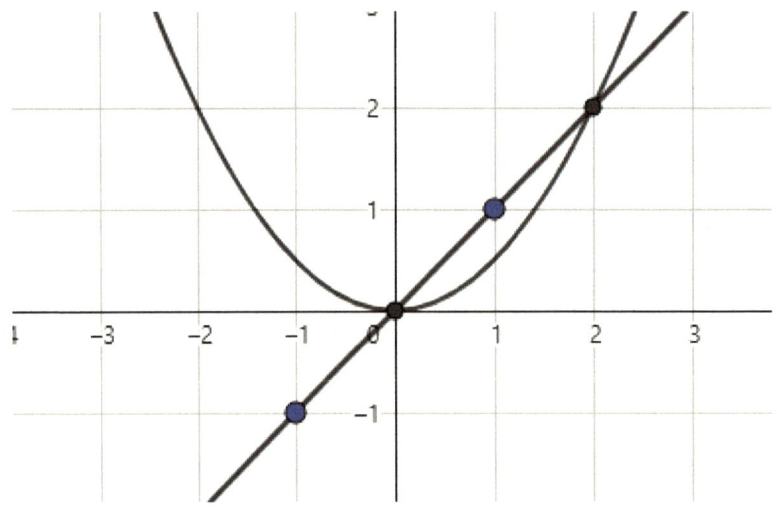

2.7.12 이벤트

다음의 코드는 점 A가 이동했을 때 작동되는 내용에 대한 코드이다.

```
@A.when_changed
def myFunctionName():
    print(i)
```

2.8 라이브러리

2.8.1 시간

다음은 0.1초간 쉬라는 명령이다.

```
import time
time.sleep(0.1)
```

2.8.2 랜덤

다음은 랜덤 정수를 생성하는 방법이다. 예제로 제시된 코드에서는 1부터 4까지의 랜덤 정수를 생성한다.

```
import random
r=random.randint(1,4)
```

또한 다음 코드와 같이 0부터 1사이의 실수를 랜덤으로 생성할 수도 있다.

```
import random
r=random.random()
```

2.8.3 수학

다음은 math 라이브러리에 어떤 명령을 사용할 수 있는지 알아보는 명령이다.
제곱근인 sqrt 함수와 삼각함수인 sin 함수는 다음과 같이 입력한다.

```
import math
print(math.sqrt(0.04))
print(math.sin(math.pi/2))
```

2.8.4 지오지브라

다음은 지오지브라 라이브러리에 어떤 명령을 사용할 수 있는지 알아보는 명령이다.

```
import ggb
print(dir(ggb))
```

CHAPTER 3

시간제어

이 장에서는 실행 시간을 제어하는 방법에 대하여 알아보도록 하자. 실행 시간을 제어하는 것은 time.sleep() 명령을 이용하여 이루어지는데 이를 통해 순차적 애니메이션을 제시할 수 있다.

3.1 동심원 그리기

반지름의 크기가 일정하게 증가하는 애니메이션을 만들어보자. 이는 매우 간단하게 수행될 수 있다. 반복문 안에 원을 그리는 코드와 time.sleep() 명령을 입력하면 된다.

```
import time

for x in range(1, 6):
    Circle(0, 0, x)
    time.sleep(1)
```

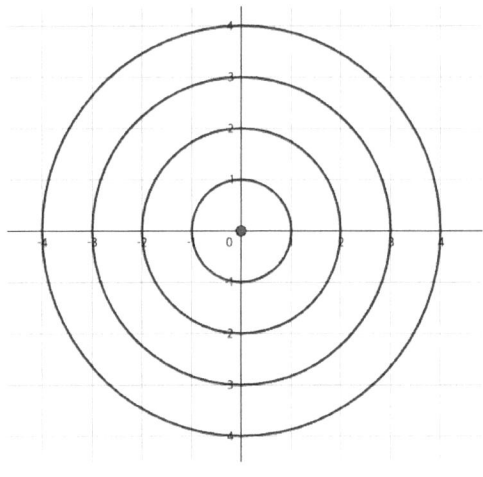

3.2 스트링아트

좌표평면에 정사각형 모양으로 네 점을 찍고 각 변의 내분점을 연결하는 스트링아트를 만들어보자.

먼저 네 점을 찍어보자. 좌표는 각각 (8,8), (8,-8), (-8, -8), (-8, 8)로 하였다.

```
import time

P = Point(8, 8)
Q = Point(8, -8)
R = Point(-8, -8)
S = Point(-8, 8)
```

다음으로 함수를 정의한다. 지오지브라의 점 명령에서는 내분점을 지정하는 명령이 있으나, 여기에서는 수학에서 다루는 내분점 공식을 이용하기로 한다. 수직선에 두 수 a, b가 있을 때 t:(1-t)로 분할하는 방법은 다음과 같다.

$$a + t(b - a) = (1 - t)a + tb$$

이 공식을 활용하여 다음과 같이 함수를 정의하자.

```
def string_curve(A, B, C, n):
    for i in range(n):
        t = i / (n - 1)
        p1 = Point( (1-t)*A.x + t*B.x , (1-t)*A.y + t*B.y)
        p2 = Point( (1-t)*B.x + t*C.x , (1-t)*B.y + t*C.y)
        print(p1, p2)
        Segment(p1, p2)
        time.sleep(0.1)
```

이때 A.x, A.y는 각각 점 A의 x좌표, y좌표를 의미한다. 또한 좌표 앞에 Point 명령어를 붙여야 점으로 인식된다.[1] time.sleep(0.1) 를 적어야 애니메이션을 볼 수 있다.

---

[1] 이 점이 지오지브라와 큰 차이점이다.

3.2 스트링아트

마지막으로 실행 명령어를 적고 RUN 버튼을 클릭하면 코딩이 실행된다.

```
import time

P = Point(8, 8)
Q = Point(8, -8)
R = Point(-8, -8)
S = Point(-8, 8)

def string_curve(A, B, C, n):
    for i in range(n):
        t = i / (n - 1)
        p1 = Point( (1-t)*A.x + t*B.x , (1-t)*A.y + t*B.y)
        p2 = Point( (1-t)*B.x + t*C.x , (1-t)*B.y + t*C.y)
        print(p1, p2)
        Segment(p1, p2)
        time.sleep(0.1)

string_curve(P,Q,R,20)
string_curve(Q,R,S,20)
string_curve(R,S,P,20)
string_curve(S,P,Q,20)
```

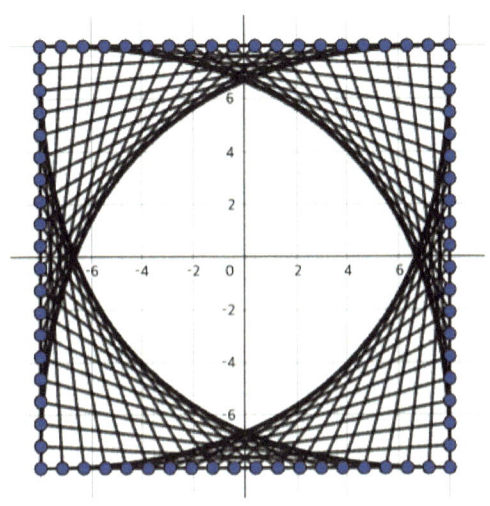

CHAPTER 4

이벤트 제어

4.1 슬라이더 제어

지오지브라 대상에 대한 이벤트를 다룰 수 있는 방법을 제시하고자 한다. 예를 들어 슬라이더를 움직일 때마다 값의 변화하도록 한다면, 슬라이더의 드래그 이벤트를 받아서 이를 프로그램 작동에 반영해야 한다.

4.1.1 슬라이더 정의

슬라이더를 정의하는 것은 간단하다. 다음과 같이 코드를 추가하면 3부터 10까지, 증가분 1로 움직이는 슬라이더가 만들어진다.

```
sides = Slider(3, 10, increment=1)
```

4.1.2 점의 회전

제시된 함수는 중심점 Center를 중심으로 점 Point를 angle만큼 회전시키는 것이다.
우선 다음과 같이 두 점의 차를 받아 새로운 점을 만든다.

```
movedPoint = Point - Center
```

다음으로 두 점의 차를 회전시킨다.

```
rotatedPoint = Rotate(movedPoint, angle)
```

최종적으로 그 회전된 점을 다시 중심점에 더하면 처음에 회전시켜 구하려던 점을 구할 수 있다.

```
returnedPoint = rotatedPoint + Center
```

함수의 결과로 돌리기 위하여 다음과 같이 코드를 삽입한다.

```
return returnedPoint
```

이를 종합하면 다음과 같다.

```
def RotatePoint(Point, angle, Center):
    movedPoint = Point - Center
    rotatedPoint = Rotate(movedPoint, angle)
    returnedPoint = rotatedPoint + Center
    return returnedPoint
```

4.1.3 정다각형 작도 정의

다음으로는 정다각형을 작도하는 함수를 정의한다. 이 함수는 시작점 StartPoint, 중심점 CenterPoint와 변의 수 sides를 받아 정다각형을 작도하는 함수이다.

먼저 점의 리스트를 받기 위하여 다음과 같이 리스트를 정의한다.

```
myList = []
```

다음으로 변의 수만큼 반복하도록 한다.

```
for i in range(sides):
```

반복문 안에서 myList에 회전한 각을 추가한다.

```
myList.append(RotatePoint(StartPoint,          2*i*math.pi/sides, CenterPoint))
```

최종적으로 Polygon(myList)를 반환한다. 이렇게 되면 myList 안의 점으로 다각형을 그리게 되므로, 정다각형을 그리게 된다.

```
return Polygon(myList)
```

이를 종합하면 다음 코드와 같다.

```
def RegularPolygon(StartPoint, CenterPoint, sides):
    myList = []
    for i in range(sides):
        myList.append(RotatePoint(StartPoint,
            2*i*math.pi/sides, CenterPoint))
    return Polygon(myList)
```

4.1.4 슬라이더 이벤트 감지

이벤트를 감지하기 위해서는 @sides.when_changed의 아래에 함수를 정의해야 한다. 그러면 이벤트가 나타났을 때 함수가 작동하게 된다.

이때 int(sides.value)라는 코드를 입력한 것은, sides가 정수로 인식되지 않았기 때문이었다. 정수화를 위한 부분이다.

```
@sides.when_changed
def drawPoly():
    RegularPolygon(Point(1,0),Point(0,0),int(sides.value))
```

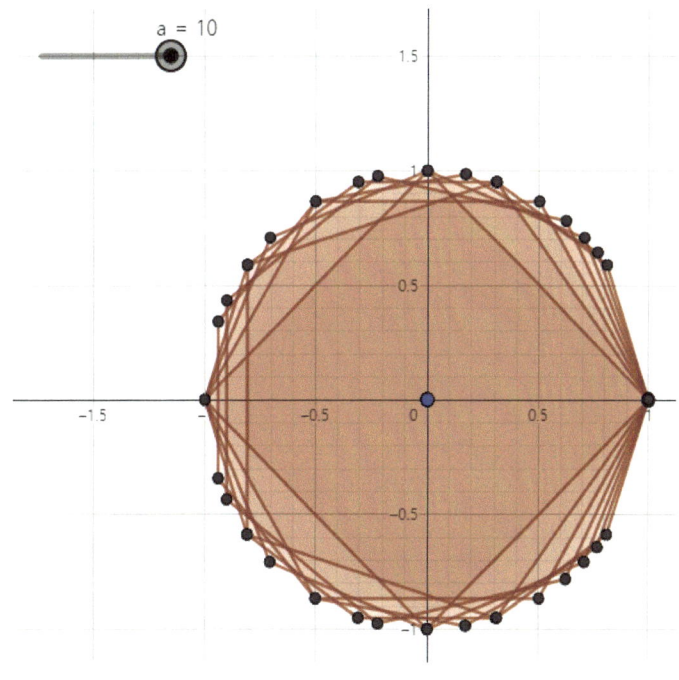

이를 종합하면 다음 코드와 같다.

```
import ggb
import math

sides = Slider(3, 10, increment=1)

def RotatePoint(Point, angle, Center):
    movedPoint = Point - Center
    rotatedPoint = Rotate(movedPoint, angle)
    returnedPoint = rotatedPoint + Center
    return returnedPoint

def RegularPolygon(StartPoint, CenterPoint, sides):
    myList = []
    for i in range(sides):
        myList.append(RotatePoint(StartPoint,
            2*i*math.pi/sides, CenterPoint))
    return Polygon(myList)

@sides.when_changed
def drawPolygon():
    RegularPolygon(Point(1,0),Point(0,0),int(sides.value))
```

4.2 점의 이벤트 제어

이번에는 점을 좌표평면 위에서 움직일 때마다 함수가 작동하도록 코딩하지.

먼저 세 점의 위치를 각각 (3,4), (0,2), (5,1)로 정의하자.

```
import math

a = Point(3, 4)
b = Point(0, 2)
c = Point(5, 1)
```

다음으로 점을 직선으로 연결하자.

```
k1 = Line(a, b)
k2 = Line(b, c)
k3 = Line(c, a)
```

삼각형의 세 변의 길이를 각각 p, q, r이라고 할 때, $2s = p + q + r$이라고 하자. 그러면 삼각형의 넓이는 헤론의 공식에 의하여 다음과 같다.

$$\text{Area} = \sqrt{s(s-p)(s-q)(s-r)}$$

따라서 다음과 같이 코딩한다.

```
@a.when_moved
@b.when_moved
@c.when_moved
def find_area():
    ab = Distance(a, b)
    bc = Distance(b, c)
    ca = Distance(c, a)
    s = 0.5 * (ab + bc + ca)
    A = math.sqrt(s * (s - ab) * (s - bc) * (s - ca))
    print("Area =", A)
```

제 4 장 이벤트 제어

마지막으로 find_area() 코드를 삽입하고 RUN 버튼을 클릭하면 코딩이 실행된다.

```
import math

a = Point(3, 4)
b = Point(0, 2)
c = Point(5, 1)

k1 = Line(a, b)
k2 = Line(b, c)
k3 = Line(c, a)

@a.when_moved
@b.when_moved
@c.when_moved
def find_area():
    ab = Distance(a, b)
    bc = Distance(b, c)
    ca = Distance(c, a)
    s = 0.5 * (ab + bc + ca)
    A = math.sqrt(s * (s - ab) * (s - bc) * (s - ca))
    print("Area =", A)

find_area()
```

4.2 점의 이벤트 제어

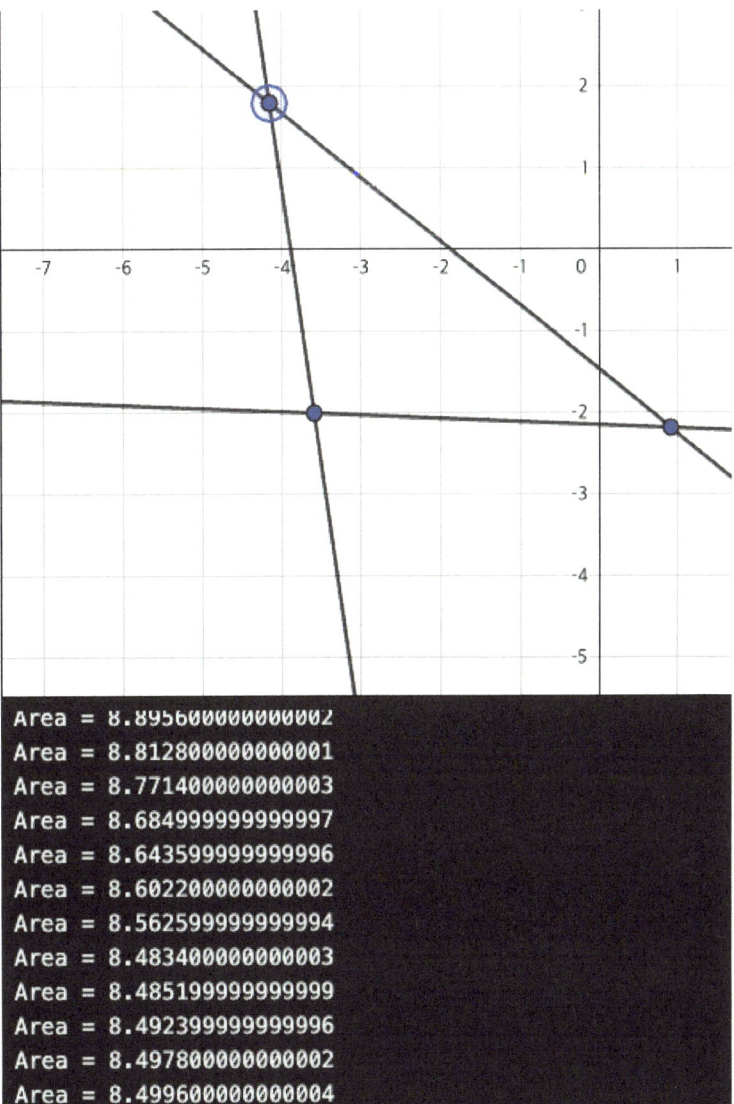

CHAPTER 5

몬테카를로 방법

몬테카를로(Monte Carlo) 방법은 많은 수의 무작위(random) 반복을 통해서 특정 도형의 넓이를 구하는 알고리즘이다. 이 장에서는 몬테카를로 방법을 활용하기 위한 기본 원리와 응용을 제시한다.

5.1 랜덤 수

0부터 1까지의 랜덤 수 10개를 출력하는 파이썬 코드를 작성하자.

```
import random

for i in range(10):
    print(random.random())
```

그 결과는 다음과 같다.

```
0.6076641459802585
0.9792368152285332
0.591198544286603
0.5874758855670686
0.7335301064675617
0.4543460073362554
0.1395423844828335
0.4495154895317782
0.09123862009189176
0.6796193108884625
```

5.2 주사위 던지기

파이썬을 이용하여 주사위 모의실험을 하자. 1부터 6까지의 정수를 100번 랜덤으로 발생시키고, 1부터 6까지 나타난 눈의 수의 합을 구하자.

우선 1부터 6까지의 눈이 나타난 수를 입력할 변수를 다음과 같이 준비하자.

```
import random

one=0
two=0
three=0
four=0
five=0
six=0
```

다음으로 100번 반복하면서 주사위의 눈이 랜덤으로 발생하도록 한 뒤, 눈이 나타날 때마다 변수에 1씩 더해지도록 하자.

```
for i in range(100):
    dice = random.randint(1,6)
    if dice==1:
        one+=1
    elif dice==2:
        two+=1
    elif dice==3:
        three+=1
    elif dice==4:
        four+=1
    elif dice==5:
        five+=1
    else:
        six+=1
```

그 이후에는 변수를 출력하는 것이다. 최종 코드는 다음과 같다.

```python
import random

one=0
two=0
three=0
four=0
five=0
six=0

for i in range(100):
    dice = random.randint(1,6)
    if dice==1:
        one+=1
    elif dice==2:
        two+=1
    elif dice==3:
        three+=1
    elif dice==4:
        four+=1
    elif dice==5:
        five+=1
    else:
        six+=1

print("1:",one)
print("2:",two)
print("3:",three)
print("4:",four)
print("5:",five)
print("6:",six)
```

5.3 원의 넓이

이제 몬테카를로 방법으로 원의 넓이를 구하자.

예를 들어 한 변의 길이가 1인 정사각형이 있고, 그 안에 꼭 맞는 반지름이 0.5인 원이 있다고 하자. 이 원 안에 500개의 점을 찍어 원 안에 들어온 점의 수를 500으로 나누면 대략적으로 원의 넓이가 된다.

먼저 점의 수를 세는 변수인 cnt와 점 (0.5, 0.5)까지의 거리를 재는 dist 변수를 정의하지.

```
import random
import math
import time


cnt=0
dist=0
```

다음으로 중심이 (0.5, 0.5)이고 반지름이 0.5인 원을 그리자.

```
Circle(Point(0.5,0.5),0.5)
```

반복문을 이용하여 x, y 좌표를 랜덤으로 발생시키고, 점 (x, y)로부터 (0.5, 0.5)까지의 거리를 dist에 입력시키자.

그 다음 (x, y) 점을 좌표 평면 위에 찍자.

또한 만일 dist가 0.5보다 작다면(점이 원 안에 들어온다면), cnt에 1을 더하자.

마지막으로 cnt/i 를 출력하자.

```
for i in range(1,500):
    x=random.random()
    y=random.random()
    dist=math.sqrt((x-0.5)**2+(y-0.5)**2)
    Point(x,y,size=2)
    time.sleep(0.01)
    if dist<0.5:
        cnt+=1
        print(cnt/i)
```

최종 코드는 다음과 같다.

```
import random
import math
import time

cnt=0
dist=0

Circle(Point(0.5,0.5),0.5)

for i in range(1,500):
    x=random.random()
    y=random.random()
    dist=math.sqrt((x-0.5)**2+(y-0.5)**2)
    Point(x,y,size=2)
    time.sleep(0.01)
    if dist<0.5:
        cnt+=1
        print(cnt/i)
```

제 5 장 몬테카를로 방법

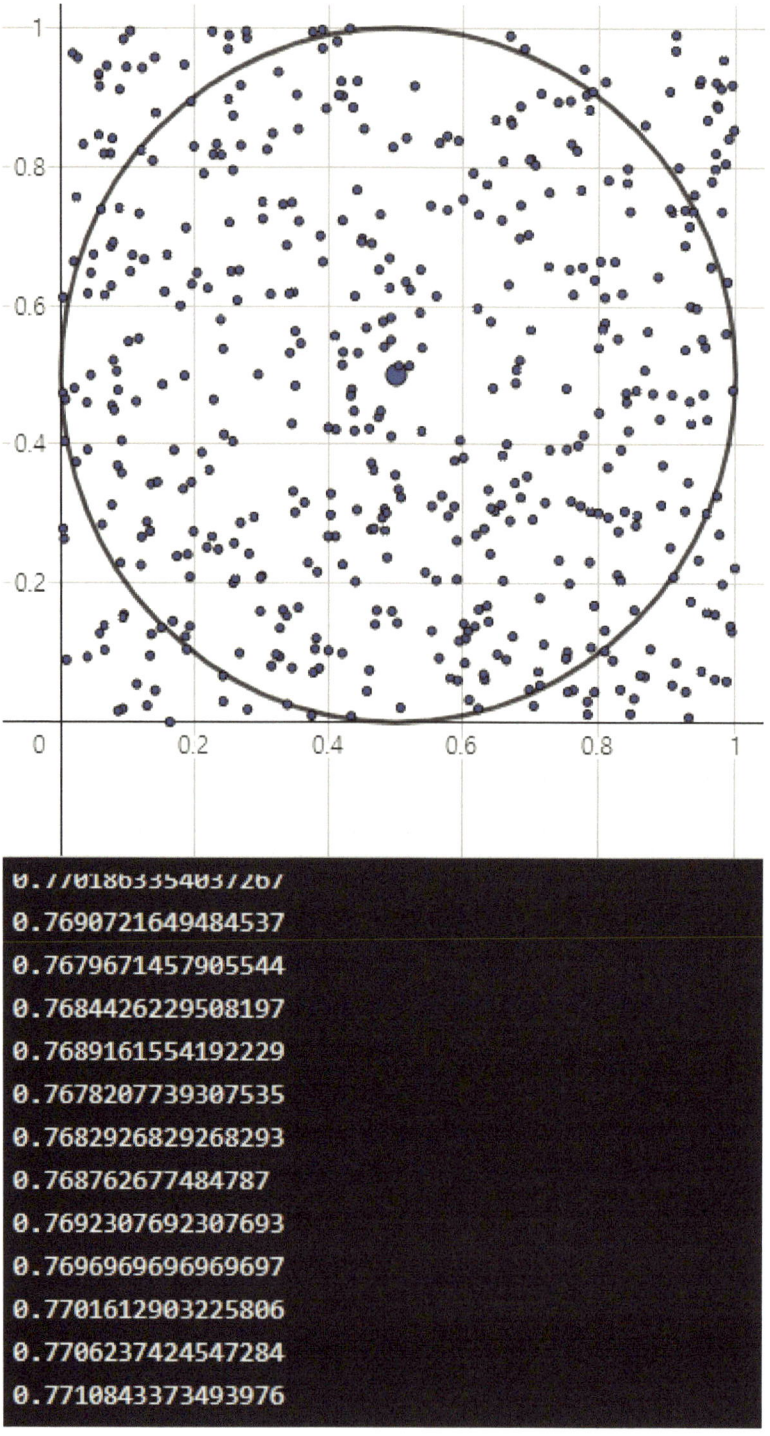

5.4 원주율 구하기

5.4.1 다각형의 둘레 구하기

반지름의 길이가 2인 원과 원에 내접하는 한변의 길이가 1인 정6각형이 있다. 정6각형의 둘레의 길이는 6이고 원의 둘레의 길이와는 차이가 있다. 만약 12각형, 24각형과 같이 각의 수를 2배씩 늘려가며 원과 다각형의 둘레의 길이를 비교한다면 오차는 점점 줄어드는 것을 확인할 수 있다. 이와 같이 다각형의 둘레의 길이를 이용하여 원의 둘레의 길이를 구해보자.

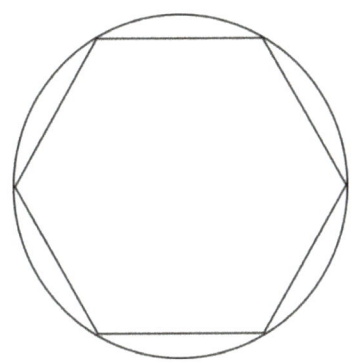 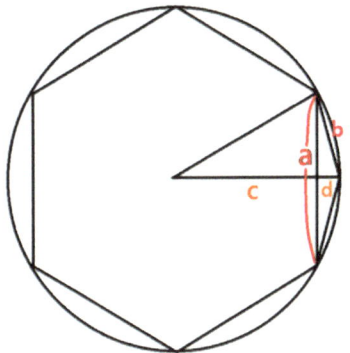

위 그림에서 정n각형과 정2n각형의 관계식은 다음과 같다.

$$\left(\frac{a}{2}\right)^2 + c^2 = 1^2 \cdots ①$$

$$\left(\frac{a}{2}\right)^2 + d^2 = b^2 \cdots ②$$

$$c + d = 1 \cdots ③$$

위 세 식에서 ①을 c로 정리하고 ②를 d로 정리하여, ③에 대입하는 방식으로, c와 d를 제거하면, a와 b의 관계식을 얻는다.

$$b = \sqrt{2 - \sqrt{4 - a^2}}$$

이 식은 아래와 같이 코딩할 수 있다.

```
b = ( 2 - ( 4 - a**2 ) **.5 ) **.5
```

제곱근 함수를 사용하지 않고 제곱근은 0.5를 제곱하는 것으로 표현 가능하다.

```
import math

diameter=2    # 원의 지름은 2
polygon=6     # 6각형으로 시작
side=1        # 6각형의 변의 길이는 1

n=10
for i in range(n):
    polygon = polygon * 2                    # 다각형의 각을 2배로
    side = ( 2 - ( 4 - side**2 ) **.5 ) **.5
    # 다각형 사이의 변 길이의 관계
    pi = side*polygon/diameter
    print(polygon,":", pi,":",math.pi)
    # 다각형 : 다각형의 둘레 : 실제 pi값


12 : 3.10582854123025 : 3.141592653589793
24 : 3.132628613281237 : 3.141592653589793
48 : 3.139350203046872 : 3.141592653589793
96 : 3.14103195089053 : 3.141592653589793
192 : 3.141452472285344 : 3.141592653589793
384 : 3.141557607911622 : 3.141592653589793
768 : 3.141583892148936 : 3.141592653589793
1536 : 3.141590463236762 : 3.141592653589793
3072 : 3.141592106043048 : 3.141592653589793
6144 : 3.141592516588155 : 3.141592653589793
```

5.4.2 몬테카를로 방법으로 원주율 구하기

원의 면적을 알면 $S = \pi r^2$에 의해 원주율을 알 수 있다. 무작위하게 수를 발생시켜 그것을 좌표로 점을 찍고, 점이 원의 영역에 포함되었는지의 여부를 가린다. 이것을 반복하여 원에 포함된 점과 그렇지 않은 점의 수를 세고, 두 수의 비율을 통해 원의 면적을 구한다.

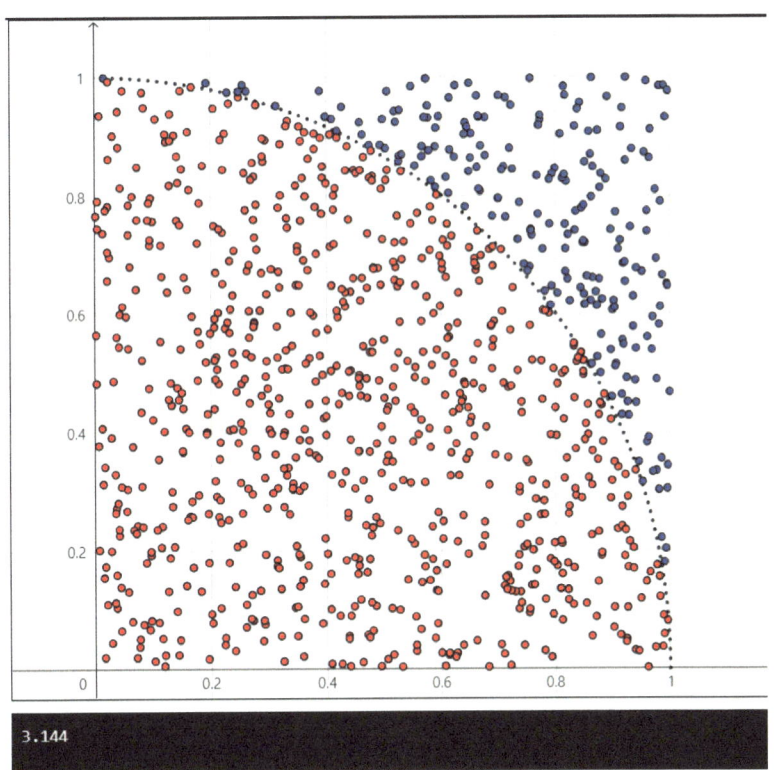

```
import random
import math

for i in range (0,100):
    A=Point(math.cos (0.01*i*(math.pi)/2),
    math.sin(0.01*i*(math.pi)/2),size=1)

n=1000
count=0

for i in range(n):
    x=random.random()
    y=random.random()
    A=Point(x,y, size=3)
    if(x*x+y*y<1):
        A.color="red"
        count=count+1
a=4*count/n

print(a)
```

CHAPTER 6

프랙털 구조

6.1 반즐리의 고사리

영국의 수학자 마이클 반즐리(MichaelBarnsley)는 간단한 변환을 반복 적용하여 고사리와 같은 구조를 만들었다.

고사리 모양의 구조를 만들기 위해 다음과 같은 단계를 제안하였다. 다음의 확률을 갖는 변환 중 하나를 랜덤하게 선택한다.

[변환 1] (0.85의 확률) $\begin{cases} x_{n+1} = 0.85x_n + 0.04y_n \\ y_{n+1} = -0.04x_n + 0.85y_n + 1.6 \end{cases}$

[변환 2] (0.07의 확률) $\begin{cases} x_{n+1} = 0.2x_n - 0.26y_n \\ y_{n+1} = 0.23x_n + 0.22y_n + 1.6 \end{cases}$

[변환 3] (0.07의 확률) $\begin{cases} x_{n+1} = -0.15x_n + 0.28y_n \\ y_{n+1} = 0.26x_n + 0.24y_n + 0.44 \end{cases}$

[변환 4] (0.01의 확률) $\begin{cases} x_{n+1} = 0 \\ y_{n+1} = 0.16y_n \end{cases}$

```python
import random

x=0
y=0

r=random.random()

for i in range(500):
    if r<0.85:
        x=0.85*x + 0.04*y
        y=-0.04*x + 0.85*y + 1.6
        Point(x,y,size=1)
        r=random.random()
        time.sleep(.01)
    elif r<0.92 and r>=0.85:
        x=0.2*x - 0.26*y
        y=0.23*x + 0.22*y + 1.6
        Point(x,y,size=1)
        r=random.random()
        time.sleep(.01)
    elif r<0.99 and r>=0.92:
        x=-0.15*x + 0.28*y
        y=0.26*x + 0.24*y + 0.44
        Point(x,y,size=1)
        r=random.random()
        time.sleep(.01)
    else:
        x=0
        y=0.16*y
        Point(x,y,size=1)
        r=random.random()
        time.sleep(.01)
```

앞의 코드는 if 조건문에 의하여 r의 값에 따라 점을 찍도록 되어 있다. 코드의 결과는 그림과 같다.

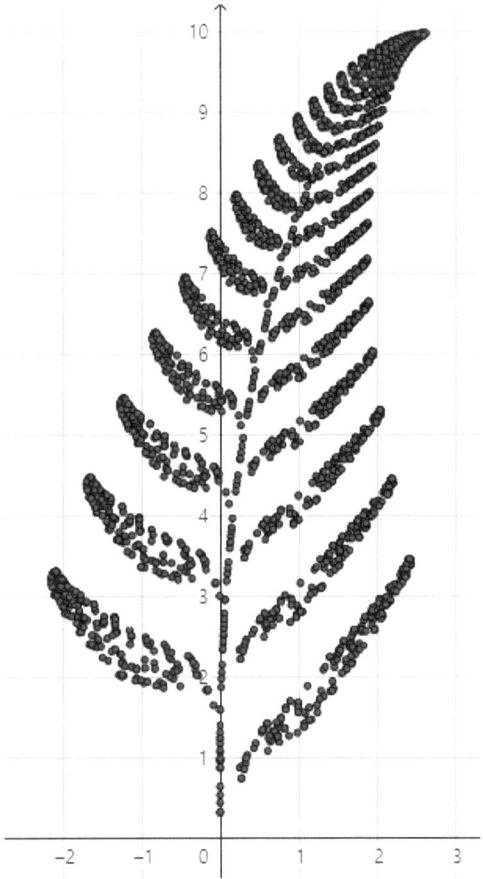

6.2 시어핀스키의 삼각형

시어핀스키의 삼각형은 수학자 시어핀스키(Sierpinski)의 이름을 딴 프랙탈 도형으로, 정삼각형의 안에 닮은 정삼각형이 무한히 담겨있다.

시어핀스키의 삼각형 구조를 만들기 위해 다음과 같은 단계를 제안하였다. 다음의 설정 확률을 갖는 변환 중 하나를 랜덤하게 선택한다.

[변환 1] ($\frac{1}{3}$의 확률) $\begin{cases} x_{n+1} = 0.5x_n \\ y_{n+1} = 0.5y_n \end{cases}$

[변환 2] ($\frac{1}{3}$의 확률) $\begin{cases} x_{n+1} = 0.5x_n + 0.5 \\ y_{n+1} = 0.5y_n + 0.5 \end{cases}$

[변환 3] ($\frac{1}{3}$의 확률) $\begin{cases} x_{n+1} = -0.5x_n + 1 \\ y_{n+1} = 0.5y_n \end{cases}$

이 경우에는 각각 $\frac{1}{3}$의 동일한 확률이지만, 소수로 나타내는 것이 편리한 코딩의 입장에서 각각 0.33이하, 0.33부터 0.66까지, 0.66부터 그 이후로 구간을 분할하여 나타내었다.

이를 if 조건문에 의하여 r의 값에 따라 점을 찍도록 하였을 때 코드의 결과는 그림과 같다.

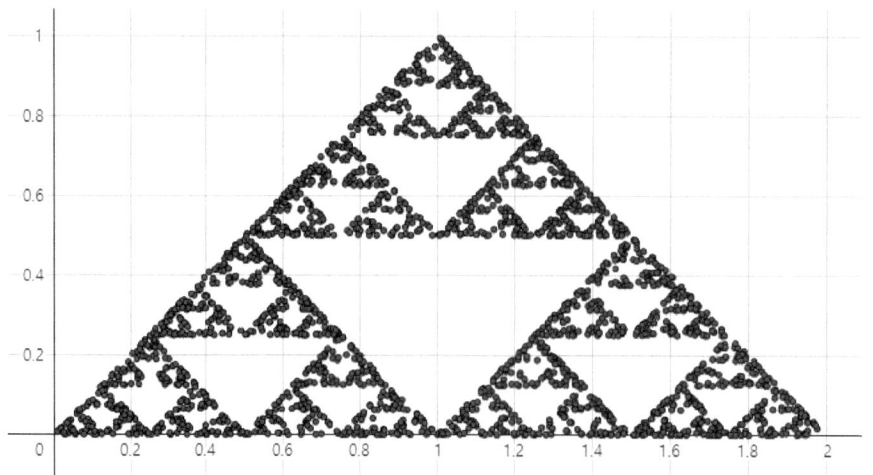

```
import random
import time

x=0
y=0

r=random.random()
for i in range(10000):
    if r<0.33:
        x=0.5*x
        y=0.5*y
        Point(x,y,size=2)
        r=random.random()
        time.sleep(0.0001)
    elif r<0.66 and r>=0.33:
        x=0.5*x + 0.5
        y=0.5*y + 0.5
        Point(x,y,size=2)
        r=random.random()
        time.sleep(0.0001)
    else:
        x= 0.5*x + 1
        y= 0.5*y
        Point(x,y,size=2)
        r=random.random()
        time.sleep(0.0001)
```

6.3 코흐의 눈송이

스웨덴의 수학자 코흐(Koch,N.F,1870~1924)는 정삼각형을 이용하여 눈송이 모양을 만드는 방법을 소개하였다.

한 선분을 삼등분 한 후 그 가운데 선분을 한 변으로 하는 정삼각형을 그리고, 가운데 선분을 지운다. 정삼각형의 각 변에 위의 과정을 반복하면 눈송이 모양의 도형을 얻을 수 있는데 이것을 코흐의 눈송이라 한다.

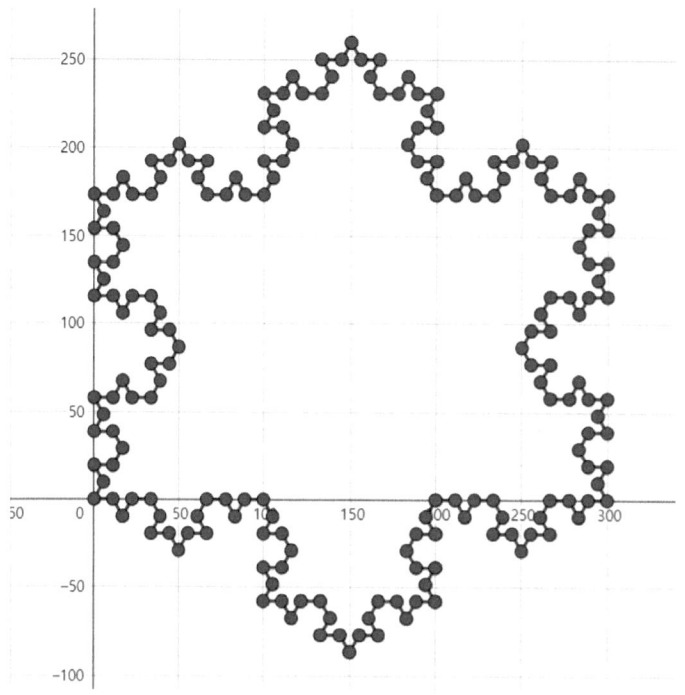

```
import math

def koch_curve(p1, p2, order):
    if order == 0:
        Segment(p1, p2)
    else:
        # 각 변을 3등분하여 새로운 점을 계산
        dx = (p2.x - p1.x) / 3
        dy = (p2.y - p1.y) / 3

        # 새로운 점 계산
        p3 = Point(p1.x + dx, p1.y + dy)
        p5 = Point(p1.x + 2 * dx, p1.y + 2 * dy)

        # 정삼각형의 꼭짓점 계산
        px=p3.x+dx*math.cos(-math.pi/3)-dy*math.sin(-math.pi/3)
        py=p3.y+dx*math.sin(-math.pi/3)+dy*math.cos(-math.pi/3)
        p4=Point(px, py)p

        # 재귀적으로 각 부분에 대해 코흐 곡선을 적용
```

```
            koch_curve(p1, p3, order - 1)
            koch_curve(p3, p4, order - 1)
            koch_curve(p4, p5, order - 1)
            koch_curve(p5, p2, order - 1)

def koch_snowflake(order, size):
    # 정삼각형의 세 꼭짓점 계산
    p1 = Point(0, 0)
    p2 = Point(size, 0)
    p3 = Point(size/2, size * math.sin(math.pi/3))

    # 각 변에 대해 코흐 곡선 적용
    koch_curve(p1, p2, order)
    koch_curve(p2, p3, order)
    koch_curve(p3, p1, order)

# 코흐 눈송이 생성
order = 3  # 프랙탈의 차수 (예: 3)
size = 300  # 정삼각형의 한 변 길이
koch_snowflake(order, size)
```

6.4 시어핀스키 삼각형 2

시어핀스키 삼각형(Sierpiński triangle)은 폴란드 수학자 바츨라프 시어핀스키(Wacław Sierpiński)가 1915년에 소개한 프랙탈 도형 중 하나이다. 이 삼각형은 자기 닮음(self-similarity) 특성을 가지며, 매우 단순한 규칙을 반복적으로 적용하여 만들어진다.

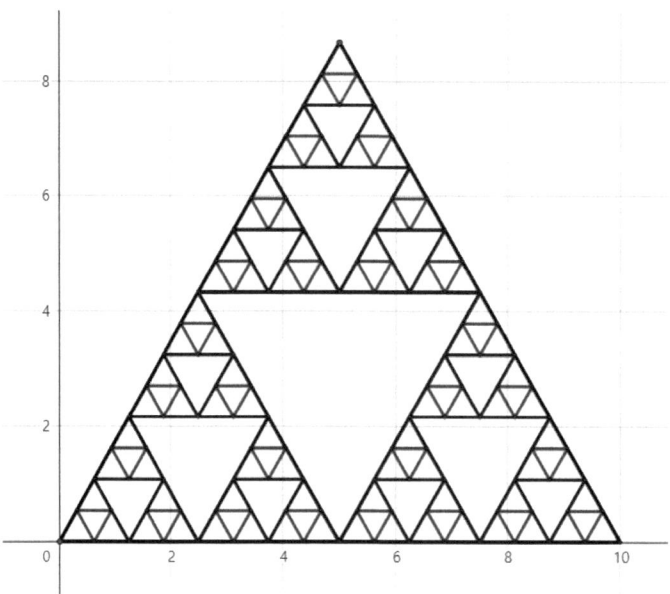

- 기본 삼각형: 정삼각형 하나를 그린다.
- 분할 및 제거: 이 정삼각형의 세 중점을 연결하여 내부에 작은 정삼각형을 만든다. 가운데 작은 정삼각형을 제거한다.
- 반복: 남은 3개의 작은 삼각형에 대해 같은 과정을 반복한다.

6.4 시어핀스키 삼각형 2

```python
import math

def center(a,b):
    # 두 점의 중점 구하기
    dx = (a.x + b.x) / 2
    dy = (a.y + b.y) / 2
    c = Point(dx, dy,size=1)
    return c

def sierpin(p1,p2,p3,order):
    #끝점 세개와 차수를 받아 시어핀스키 삼각형 그리기
    if order == 0:
        Segment(p1, p2)
        Segment(p2, p3)
        Segment(p3, p1)
    else:
        p4=center(p1,p2)
        p5=center(p2,p3)
        p6=center(p3,p1)
        Segment(p1, p2)
        Segment(p2, p3)
        Segment(p3, p1)

        #재귀적으로 시어핀스키 삼각형 만들기
        sierpin(p1,p4,p6,order-1)
        sierpin(p2,p4,p5,order-1)
        sierpin(p3,p5,p6,order-1)

def triangle(order,size):
    #차수와 크기 입력하여 큰 삼각형그리기
    p1=Point(0,0,size=2)
    p2=Point(size,0,size=1)
    p3=Point(size*0.5,size*0.5*math.sqrt(3),size=2)

    sierpin(p1,p2,p3,order)

triangle(4,10)
```

6.5 시어핀스키 사각형

시어핀스키 사각형이란 폴란드 수학자 바츨라프 시어핀스키(Wacław Sierpiński)가 1915년에 소개한 프랙탈 도형 중 하나이다. 이 사각형은 자기 닮음(self-similarity) 특성을 가지며, 매우 단순한 규칙을 반복적으로 적용하여 만들어진다.

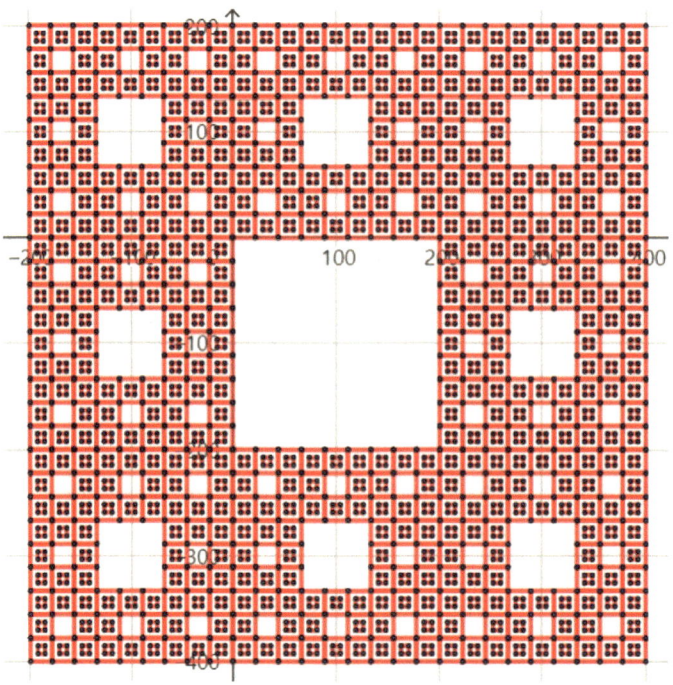

- 기본 사각형: 정사각형 하나를 그린다.

- 분할 및 제거: 이 정사각형을 가로, 세로를 3등분하여, 총 9개의 조각중 가운데 조각을 지운다.

- 반복: 남은 8개의 작은 정사각형에 대해 같은 과정을 반복한다.

6.5 시어핀스키 사각형

```
import math

def draw_square(x, y, size):
    p1 = Point(x, y,size=1)
    p2 = Point(x + size, y,size=1)
    p3 = Point(x + size, y - size,size=1)
    p4 = Point(x, y - size,size=1)
    p5 = Point(x+1/3*size, y-1/3*size,size=1)
    p6 = Point(x +2/3*size, y-1/3*size,size=1)
    p7 = Point(x +2/3*size, y -2/3*size,size=1)
    p8 = Point(x +1/3*size, y -2/3*size,size=1)
    Segment(p5,p6,color="red")
    Segment(p6,p7,color="red")
    Segment(p7,p8,color="red")
    Segment(p8,p5,color="red")
    Segment(p1,p2,color="red")
    Segment(p2,p3,color="red")
    Segment(p3,p4,color="red")
    Segment(p4,p1,color="red")

def sierpinski_square(x, y, size, depth):
    if depth == 0:
        draw_square(x, y, size)
    else:
        new_size = size / 3
        for i in range(3):
            for j in range(3):
                if not (i == 1 and j == 1):   # 중앙 부분을 비운다
                    sierpinski_square(x + i * new_size,
                    y - j * new_size, new_size, depth - 1)


depth = 3
sierpinski_square(-200, 200, 600, depth)
```

CHAPTER 7

정수의 성질

완전수란 자기 자신을 제외한 다른 약수들의 합이 자신과 같은 수를 말한다. 다르게 말하면 모든 약수를 더했을 때 자기 자신의 2배가 되는 수를 말한다. 예를 들어 6이라는 수는 자신을 제외한 약수는 1, 2, 3이고 그 합 $1+2+3=6$이므로 완전수이다.

고대 그리스의 피타고라스 학파는 많은 신비로운 수들을 발견하여 수에 관한 이론의 발전에 첫걸음을 내디딘 것으로 인정받고 있다. 완전수의 개념도 피타고라스 학파의 업적일 것이라고 추측되고 있다.

완전수는 수 천년간 사람들의 흥미를 끄는 수로서 연구되어 왔다. 유클리드는 2^n-1이 소수이면 $2^{n-1}(2^n-1)$은 완전수라고 했지만 2^n-1꼴의 소수를 찾는 것도 어려운 문제였다. 최근까지 발견된 완전수도 6, 28, 496 등 겨우 수십 개에 불과했다.

오일러가 모든 짝수인 완전수는 모두 $2^{n-1}(2^n-1)$꼴임을 증명하였으나 홀수인 완전수가 존재하는지는 아직까지도 미해결 문제로 남아있다.

7.1 완전수 찾기

인수 n을 입력받아 완전수인지 판별하는 프로그램을 만들어 보자.

```
n=int(input("숫자를 입력하세요~"))
divisor=[]
sum_divisors=0

for i in range(1,n):
    if n%i==0:
        divisor.append(i)
        sum_divisors=sum_divisors+i

if sum_divisors==n:
```

```
        print(n,'은 완전수이다.')
    else:
        print(n,'은 완전수가 아니다.')
```

12를 입력했을 때 앞 코드의 결과는 다음과 같다.

12는 완전수가 아니다.

7.2 소수 판별하기

소수(prime number)는 1보다 큰 자연수 중 1과 자기 자신만을 약수로 가지는 수다. 1과 그 수 자신 이외의 자연수로는 나눌 수 없는 자연수로 정의하기도 한다. 소수의 개수는 무한하며, 이는 유클리드에 의하여 최초로 논증되었다. 소수와 합성수를 구분해낼 수 있는 명확한 공식은 지금까지도 밝혀지지 않은 상태이나, 대역적으로 자연수 중 소수의 비율의 근사치를 예측하는 모델로는 여러가지가 알려져 있다. 이러한 연구의 첫 결과는 19세기 말에 증명된 소수 정리인데, 이는 무작위로 선택된 한 수가 소수일 확률은 그 수의 자릿수, 곧 로그값에 반비례함을 알려준다.

7.2.1 소수는 어떻게 구분하는가?

특정 수 n이 소수인지 아닌지 구하는 법은 2부터 n-1 까지의 수로 해당 수를 나눠보고, 이 과정에서 어떠한 수에 의해 나누어 떨어지는지 확인하는 것이다. 나누어 떨어지지 않는다면 해당 수는 소수인 것이고, 도중에 다른 수에 의해 나누어 떨어진다면 그 수는 소수가 아닐 것이다.

이를 코드로 표현하면 다음과 같다.

```
def is_prime_num(n):
    cnt = 0
    for i in range(2, n-1):
        if n % i == 0:
            cnt += 1
    print(cnt)
    if cnt == 0:
        print("소수")
    else:
        print("합성수")

is_prime_num(16)
```

7.3 유클리드 호제법

최대공약수를 찾는 방법으로 유클리드 호제법이 있다. 유클리드 호제법은 2개의 자연수의 최대공약수를 구하는 효율적인 방법으로서 그리스의 수학자 유클리드가 그의 '원론'에서 처음 언급하였다. 호제법이란 맡은 두 수가 서로 상대방 수로 나누어서 결국 원하는 수(최대공약수)를 얻는 알고리즘을 나타낸다.

즉, 2개의 자연수 a, b(단, $a > b$)에 대하여, a를 b로 나눈 나머지를 r이라 하면, a와 b의 최대공약수는 b와 r의 최대공약수와 같게 된다. 이와 같이 두 수를 나누는 과정을 반복하여 나머지가 0이 되었을 때 나누는 수가 a와 b의 최대공약수이다.

두 수 a, b ($a > b$)에 대하여 최대공약수를 편의상 (a, b)로 나타내자. 최대공약수 G는 다음과 같이 정의된다.

$$G = \gcd(a,b) = \gcd(b,r), \quad r \text{은 } a \text{를 } b \text{로 나눈 나머지}$$

이 과정을 반복하여 한 수가 0이 되면 다른 수가 최대공약수이다.

$$\gcd(186, 48) = \gcd(48, 42) = \gcd(42, 6) = \gcd(6, 0) = 6$$

```
def Euclid(a,b):

    while b!=0:
        a,b=b,a%b
    return a

print('186과 48의 최대공약수는',Euclid(186,48))
```

186과 48의 최대공약수는 6

또한 a, b의 최대공약수는 $(a-b), b$의 최대공약수와 같다. 즉, 큰 수에서 작은 수를 뺀다. 같아질 때까지 큰 수를 작은 수만큼 줄이는 것을 반복한다. 만약 두 수가 같아지면 그 수가 최대공약수이다.

```
def Euclid(a,b):

    while(a!=b):
        if(a>b) : a-=b
        else    : b-=a
    return a

print('186과 48의 최대공약수는', Euclid(186,48))
```

186과 48의 최대공약수는 6

7.4 페르마의 마지막 정리

페르마의 마지막 정리(Fermat's Last Theorem, FLT)는, '방정식 $x^n + y^n = z^n (n \geq 3)$ 에는 자명하지 않은 정수 해의 쌍 값이 존재하지 않는다.'라는 수학정리를 일컫는 말이다. 여기서 '마지막(Last)'이란 것은 페르마가 마지막으로 내놓은 정리가 아니라, 페르마가 남겨놓은 것 중 후대 수학자들이 마지막까지 증명하지 못했던 정리라는 의미다.

페르마(1607~1665)의 증명 방법은 거의 남아있지 않기 때문에 (가장 일반적으로 알려진 $n = 4$인 경우는 당시 페르마의 마지막 정리의 무한강하법을 통한 증명방법이 남아있다) 엄밀히 말하면 '페르마의 추측'이라고 부르는 것이 옳다. 그러나 페르마가 자신이 증명해 냈다는 주장을 존중하여 일반적으로 페르마의 마지막 정리라고 부른다. 이 정리는 20세기를 넘기기 직전인 1994년, 영국 수학자 앤드루 존 와일스 경(Sir Andrew John Wiles)이 증명했다.

$2 \leq n \leq 10$, $2 \leq x \leq 30$, $2 \leq y \leq 30$, $2 \leq z \leq 30$ 일때 방정식 $x^n + y^n = z^n$을 만족하는 세 수를 찾아보자.

```
def fermat(d):
  for a in range(2,30):
    for b in range(2,30):
      for c in range(b+1,30):
        if a**d==(b**d+c**d):
          print("{}^{}+{}^{}={}^{}".format(a,d,b,d,c,d))
        if a**d<(b**d+c**d):
          break
  print('--------------------------------------')
for d in range(2,10):
  print(d,'제곱일때 a^2+b^2=c^2을 만족하는 수는')
  fermat(d)
```

2 제곱일때 a^2+b^2=c^2을 만족하는 수는
5^2+3^2=4^2
10^2+6^2=8^2
13^2+5^2=12^2
15^2+9^2=12^2
17^2+8^2=15^2
20^2+12^2=16^2
25^2+7^2=24^2
25^2+15^2=20^2
26^2+10^2=24^2
29^2+20^2=21^2
----
3 제곱일때 a^2+b^2=c^2을 만족하는 수는
----
4 제곱일때 a^2+b^2=c^2을 만족하는 수는
----
5 제곱일때 a^2+b^2=c^2을 만족하는 수는
----
6 제곱일때 a^2+b^2=c^2을 만족하는 수는
----
7 제곱일때 a^2+b^2=c^2을 만족하는 수는
----
8 제곱일때 a^2+b^2=c^2을 만족하는 수는
----
9 제곱일때 a^2+b^2=c^2을 만족하는 수는

7.5 우박 수열

우박수열(Hailstone sequence) 또는 콜라츠 수열(Collatz sequence)은 다음과 같은 간단한 규칙으로 생성되는 수열이다. 주어진 양의 정수 n에 대해, 다음과 같은 과정을 반복한다:

- n이 짝수이면 n을 2로 나눈다.
- n이 홀수이면 n에 3을 곱하고 1을 더한다.
- n이 1이 될 때까지 이 과정을 반복한다.

예를 들어, n = 6일 때의 우박수열은 다음과 같다.

제 7 장 정수의 성질

- 6 짝수 → 6/2 = 3
- 3 홀수 → 3 × 3 + 1 = 10
- 10 짝수 → 10/2 = 5
- 5 홀수 → 3 ×5 + 1 = 16
- 16 짝수 → 16/2 = 8
- 8 짝수 → 8/2 = 4
- 4 짝수 → 4/2 = 2
- 2 짝수 → 2/2 = 1

따라서, 6에 대한 우박수열은 6, 3, 10, 5, 16, 8, 4, 2, 1 이다.

```
def collatz(n):
    print(n,"우박수열:",end='')
    while n > 1:
        print(n, end=',')
        if (n % 2):
            # n이 홀수일 경우
            n = 3*n + 1
        else:
            # n이 짝수일 경우
            n = n//2
    print(1, end='')

for i in range(1,21):
    print(" ")
    collatz(i)
```

```
1 우박수열:1
2 우박수열:2,1
3 우박수열:3,10,5,16,8,4,2,1
4 우박수열:4,2,1
5 우박수열:5,16,8,4,2,1
6 우박수열:6,3,10,5,16,8,4,2,1
7 우박수열:7,22,11,34,17,52,26,13,40,20,10,5,16,8,4,2,1
8 우박수열:8,4,2,1
```

7.5 우박 수열

```
9  우박수열:9,28,14,7,22,11,34,17,52,26,13,40,20,10,5,16,8,4,2,1
10 우박수열:10,5,16,8,4,2,1
11 우박수열:11,34,17,52,26,13,40,20,10,5,16,8,4,2,1
12 우박수열:12,6,3,10,5,16,8,4,2,1
13 우박수열:13,40,20,10,5,16,8,4,2,1
14 우박수열:14,7,22,11,34,17,52,26,13,40,20,10,5,16,8,4,2,1
15 우박수열:15,46,23,70,35,106,53,160,80,40,20,10,5,16,8,4,2,1
16 우박수열:16,8,4,2,1
17 우박수열:17,52,26,13,40,20,10,5,16,8,4,2,1
18 우박수열:18,9,28,14,7,22,11,34,17,52,26,13,40,20,10,5,16,8,4,2,1
19 우박수열:19,58,29,88,44,22,11,34,17,52,26,13,40,20,10,5,16,8,4,2,1
20 우박수열:20,10,5,16,8,4,2,1
```

CHAPTER 8

함수의 그래프

Python/GeoGebra에서는 수식을 바로 출력하는 matplotlib 라이브러리를 사용할 수 없다. 따라서 함수의 그래프를 그리기 위해서는 Point함수를 사용하여 여러 개의 점을 만들고 Segment 함수로 점들을 선분으로 이어 그래프를 생성할 수 있다. 이러한 방식으로 여러가지 함수의 그래프를 그려보자.

8.1 다항함수

다항함수 $y = 2x^3 + 1$ $(-1 \leq x \leq 1)$의 그래프를 그려보자.

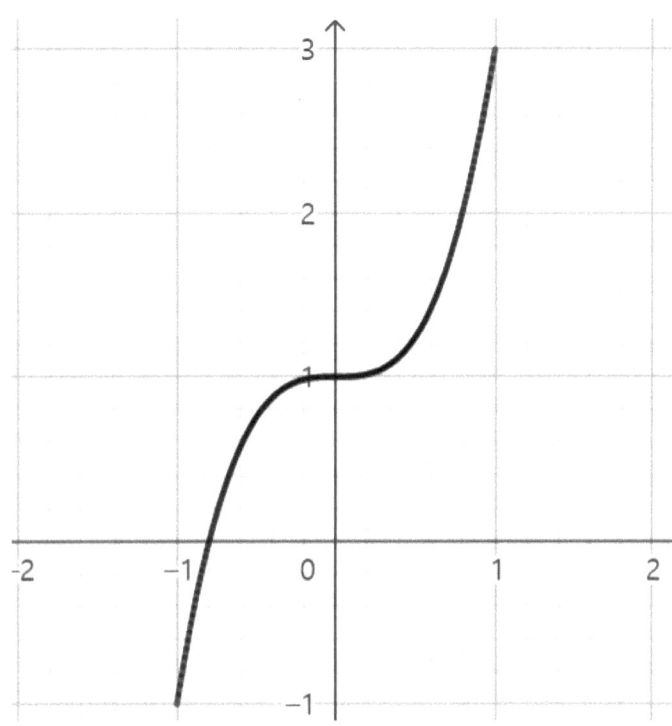

제8장 함수의 그래프

```
import math

array=[]

for i in range(-100,101):
    x=0.01*i                        # 정의역 0.01 마다 점 생성
    y= 2*(x**3)+1                   # 출력하고자 하는 함수식
    A=Point(x,y,is_visible=False)
    array.append(A)

for i in range(0,200):
    Segment(array[i],array[i+1])
```

8.2 유리함수

유리함수 $y = \frac{1}{x}$ 의 그래프를 그려보자.

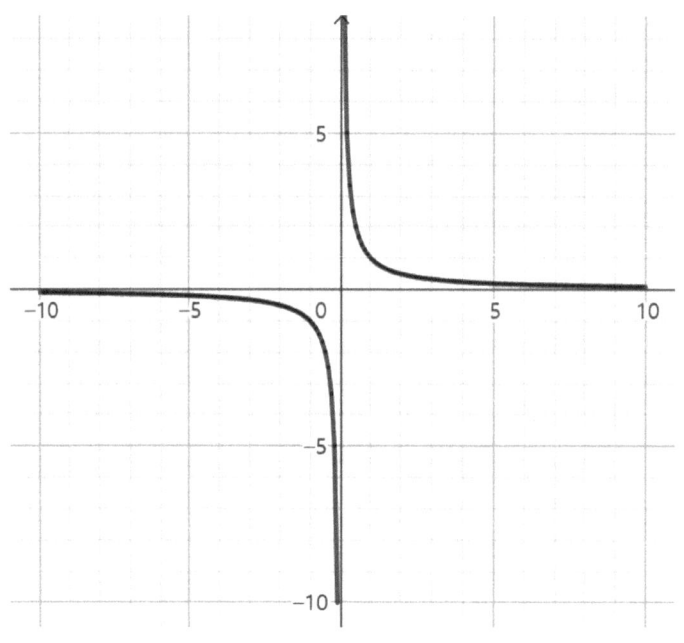

```
import math

arr_r=[ ]
arr_l=[ ]
```

```
for i in range(1,101):
    x=0.1*i                              # 정의역 0.1 마다 점 생성
    y= 1/x                               # 출력하고자 하는 함수식
    A=Point(x,y,is_visible=False)
    B=Point(-x,-y,is_visible=False)
    arr_r.append(A)
    arr_l.append(B)

for i in range(0,99):
    Segment(arr_r[i],arr_r[i+1])
    Segment(arr_l[i],arr_l[i+1])
```

8.3 무리함수

무리함수 $y = \sqrt{2x}$ 의 그래프를 그려보자.

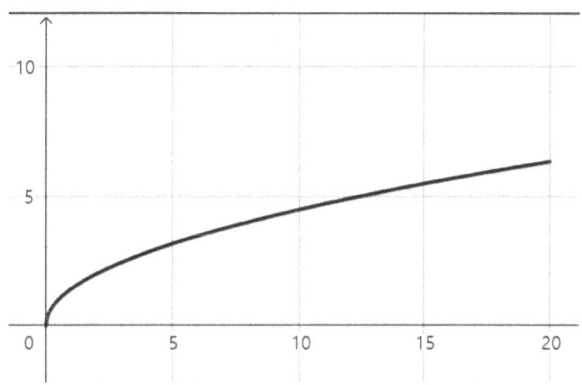

```
import math

arr=[ ]

for i in range(0,201):
    x=(0.1*i)
    y=math.sqrt(2*x)
    A=Point(x,y,is_visible=False)
    arr.append(A)

for i in range(0,200):
    Segment(arr[i],arr[i+1])
```

8.4 극좌표계의 활용

사엽그래프 $r = 4\cos 2\theta$를 그려보자.

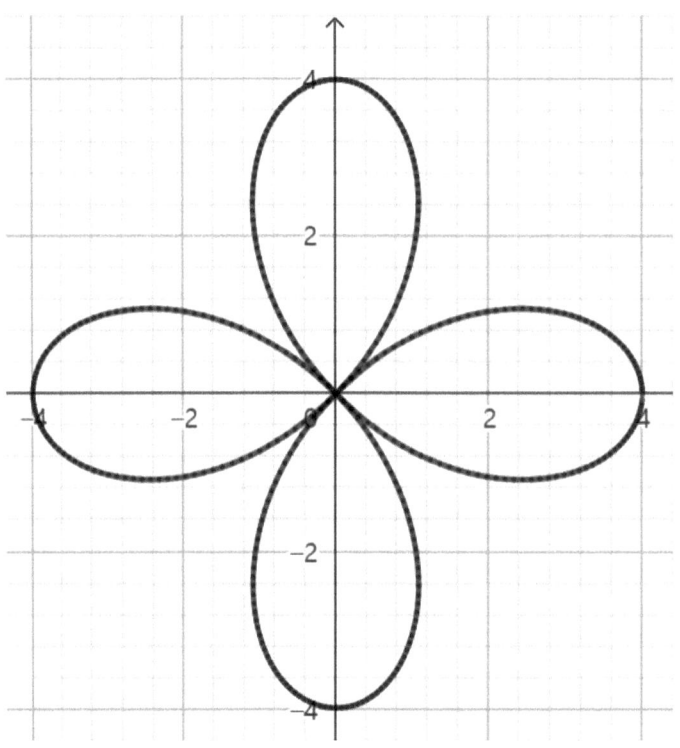

```
import math

arr=[ ]                              # 점의 리스트

for i in range(0,360):
    x=(math.pi/180*i)                # 1도 마다 점 한개씩 총360개 생성

    a=4*math.cos(2*x)*math.cos(x)
    b=4*math.cos(2*x)*math.sin(x)

    A=Point(a,b,is_visible=False)
    arr.append(A)

for i in range(0,359):
    Segment(arr[i],arr[i+1])         # 선분 만들기
```

8.5 황금나선

황금나선(Golden Spiral)은 황금비(Golden Ratio)와 관련된 수학적 개념으로, 자연에서 자주 관찰되는 나선 형태이다. 황금나선은 복잡해 보이지만, 그 기본 원리는 비교적 단순하다.

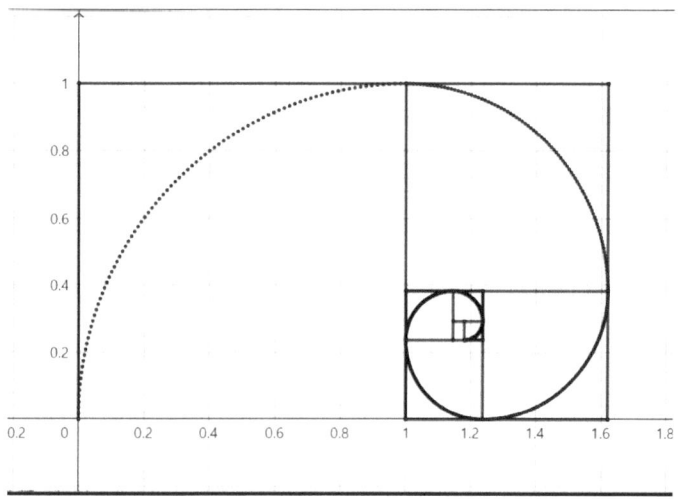

황금비는 약 1.618로 나타내어지며, 수학적으로는 (1 + √5) / 2로 정의된다. 이 비율은 기하학적 도형, 예술, 건축 등 여러 분야에서 아름다움과 조화의 기준으로 여겨진다. 만약 길이가 a인 선분을 두 부분 a와 b로 나누어 (a + b) / a = a / b가 성립할 때, 이 비율이 황금비이다.

황금나선은 사각형들로 이루어진 배열을 사용하여 만들어진다. 이 배열은 각 사각형이 그 이전의 두 사각형의 합과 동일한 크기를 가지는 방식으로 형성된다. 각 사각형에 내접하는 1/4원의 곡선을 그리면 나선 형태가 만들어지는데, 이 나선이 바로 황금나선이다. 이 나선의 각 부분은 이전 부분에 대해 황금비의 비율로 커지며, 무한히 확장된다.

```python
import math
import time

def cal(a,b,c):
    x1,y1=a
    x2,y2=b
    e=(x1+x2*c,y1+y2*c)
    return e
```

```
def cen(a,b,c):
    x1,y1=a
    x2,y2=b
    x3,y3=c
    e=((x1+x3)-x2,(y1+y3)-y2)
    return e

def drow_cir(a,e,n):
    for i in range(0,90):
        k=((180-90*n-i)*math.pi/180)
        Point(a[0]+e*math.cos(k),a[1]+e*math.sin(k),size=1)

vec=[(0,1),(1,0),(0,-1),(-1,0)]
pt=[(0,0)]

for i in range(0,7):
    e=((math.sqrt(5)-1)/2)**i
    pt.append(cal(pt[len(pt)-1],vec[i%4],e))
    pt.append(cal(pt[len(pt)-1],vec[(i+1)%4],e))
    c=cen(pt[len(pt)-3],pt[len(pt)-2],pt[len(pt)-1])

    points=[Point(*coords,size=1) for coords in pt]
    d=Point(*c,size=1)

    Segment(points[len(pt)-3],points[len(pt)-2])
    Segment(points[len(pt)-2],points[len(pt)-1])
    Segment(points[len(pt)-1],d)

    drow_cir(c,e,i)
    time.sleep(0.5)
```

8.6 공의 자유낙하 모델링

파이썬 지오지브라의 기능을 활용하여 공의 자유낙하 현상에 대한 모델링을 시행할 수 있다. 다음은 모의실험에 대한 결과이다.

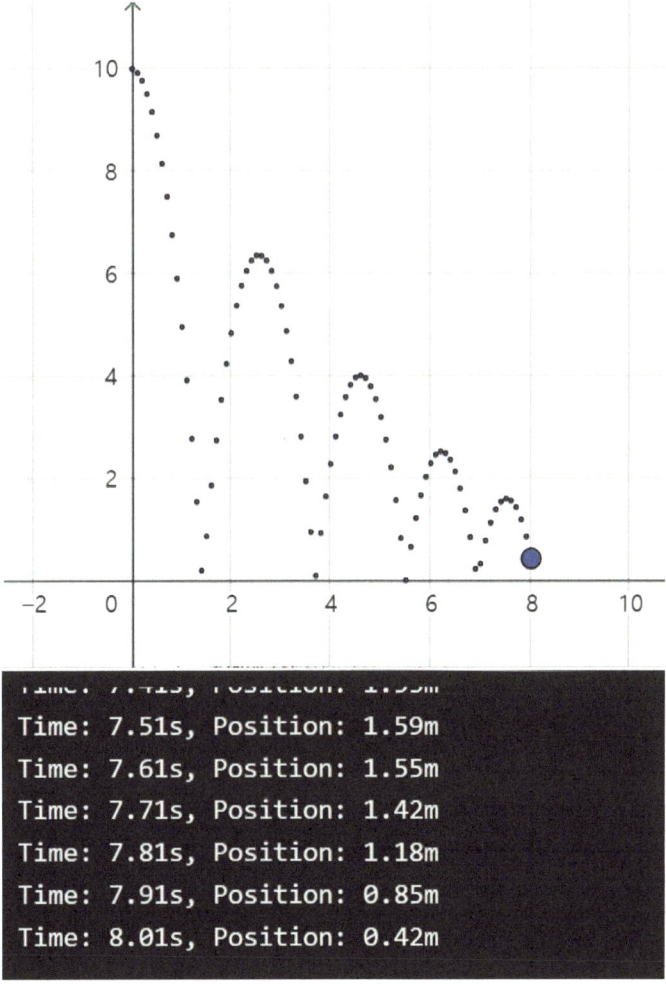

```
import math
import time

# 초기 설정
g = 9.8    # 중력 가속도 (m/s^2)
v0 = 0     # 초기 속도 (m/s)
y0 = 10    # 초기 높이 (m)
e = 0.8    # 반발 계수 (튕긴 후 속도의 감쇠)
```

```
# 시간 설정
dt = 0.01  # 시간 간격 (s)
interval = 0.1  # 출력 간격 (s)
t = 0  # 경과 시간

# 공의 초기 상태
y = y0
v = v0

# 시뮬레이션
while t < 10:  # 10초 동안 시뮬레이션
    # 속도와 위치 업데이트
    v += -g * dt  # 속도 = 초기 속도 + 가속도 * 시간
    y += v * dt   # 위치 = 초기 위치 + 속도 * 시간

    # 바닥에 닿으면 튕김
    if y <= 0:
        y = 0
        v = -v * e  # 속도 반전 및 감쇠

    # 0.1초마다 좌표 출력
    if t % interval < dt:
        print(f"Time: {round(t, 2)}s, Position: {round(y, 2)}m")
        a=round(t, 2)
        b=round(y, 2)
        A=Point(a,b)
        time.sleep(interval)
        A.size=1
    # 시간 업데이트
    t += dt
```